AF537855

„Humor ist der Knopf, der verhindert, dass der Kragen des Chefs zum Platzen kommt.“

Standardvermerk der Deutschen Nationalbibliothek

Görres-Ohde, Konstanze:
Goldene Führungsregeln
mit Cartoons von Tim Oliver Feicke.
1. Auflage, Hamburg/Schleswig, 2009

ISBN 9783837081435

ISBN 9783837081435

Satz & Cover: Torben Mohrfeldt
Herstellung und Verlag: Books on Demand GmbH,
Norderstedt

Goldene Führungsregeln

von Konstanze Görres-Ohde
mit Cartoons von Tim Oliver Feicke

Inhaltsverzeichnis

1. Vorbemerkung:

Die Idee, goldene Führungsregeln zu veröffentlichen, entwickelte sich langsam. Zunächst schrieb ich zehn Regeln in einer Rede nieder, die ich anlässlich der Amtseinführung eines Landgerichtspräsidenten hielt. Am Schluss der Feierlichkeiten kamen mehrere mir unbekannte Menschen auf mich zu, um mir zu sagen, das sei das Beste, was sie in letzter Zeit an Reden gehört hätten. Da ich selten direktes Lob in meinem Beruf erfahren habe, war ich beeindruckt. Irgendwann, Monate später, saß ich mit meiner jüngsten Tochter, einer Rechtsanwältin, bei einem Glas Wein am Tisch. Wir sprachen, wie so oft, über das Verhalten von Menschen und welche Fehler man ständig machen kann, wenn man Menschen nicht richtig wahrnimmt, ihnen Böses unterstellt oder Angst vor ihnen hat. In diesem Zusammenhang erzählte ich ihr von meinen Goldenen Führungsregeln. Mach' ein kleines Buch daraus, sagte sie. Es gibt so viele Menschen, die führen, obwohl sie das Führen nie gelernt haben und es gibt so viele Menschen, die unter ihren Vorgesetzten leiden. So also kam dies Buch zustande.

2. Vorbemerkung:

Menschen, die in ihrem Spezialfach als Mediziner, Juristen, Lehrer, Volks- und Betriebswirte, etc. sehr erfolgreich sind und wegen dieses Erfolges auch zu Vorgesetzten auserwählt werden, wissen häufig nicht, was es heißt, Menschen zu führen. Wenn sie die Stufe des Erfolges und der Führung erklommen haben, stellen sie fest, dass sie auf ihre neue Rolle nicht vorbereitet sind, weder durch die Universität noch durch sonstige Institutionen. Das „Peter-Prinzip" beschreibt diesen Zustand sehr genau. Fachlich hoch qualifizierte Kräfte werden dorthin befördert, wo sie die Stufe ihrer Unfähigkeit erreicht haben.
Viele Führungskräfte merken nicht, dass das Führen nicht fachliche Intelligenz, sondern im Wesentlichen emotionale Intelligenz erfordert. Und es muss erlernt werden. Begabung ist gut, reicht aber allein nicht aus.
Die goldenen Führungsregeln gehen diejenigen an, die führen und diejenigen, die geführt werden und die große Gruppe derer, die führen und geführt werden.

Die Führungsregeln beschreiben nicht Fähigkeiten und Eigenschaften, wie sie in Beurteilungen zu finden sind. Es geht also nicht um Belastbarkeit, Loyalität,

Berechenbarkeit, Entscheidungsfreudigkeit, Behauptungsvermögen und auch nicht darum, Führungsziele, wie z.B. mehr Umsatz, mehr Kundenfreundlichkeit zu optimieren. Die Regeln geben allein wichtige und unerlässliche Anregungen für das tägliche Führungsverhalten und sollen insbesondere eine Hilfe sein, Fehler zu vermeiden. Es geht in diesem Buch in weiten Teilen um Regeln für eine menschliche Kommunikation.
Das Buch ersetzt nicht Führungsseminare, die jeder, der in einer Führungsposition ist, unbedingt besucht haben sollte. Die Führungsseminare haben jedoch die unterschiedlichsten Ziele und gelten insofern nicht für alle Führungskräfte dieser Welt gleichermaßen.

Die Leser sollen in 60 Minuten (so lange dauert die Lektüre des Buches) lernen, den Berufsalltag erfolgreicher zu meistern.

3. Vorbemerkung:

Wenn ich mich für die männliche Form in diesem Brevier entschieden habe, so geschieht es allein, damit die Regeln flüssiger gelesen werden können. Die Frauen werden es mir hoffentlich nachsehen.

Konstanze Görres-Ohde

1. Regel

Gehen Sie nicht durch den Hintereingang in Ihr Büro. Der Mythos der Anwesenheit gilt nicht nur für Ihre Mitarbeiter sondern auch für Sie.

Die Arbeit wird leider nicht nur nach ihrer Qualität, sondern auch danach beurteilt, wie viel Zeit der Einzelne an seinem Arbeitsplatz verbringt, egal ob er hier viel oder wenig oder Vernünftiges tut. Das fällt unter den Begriff „Mythos der Anwesenheit".
Gehen Sie als Führungskraft immer durch den Vordereingang in Ihr Büro. Die Mitarbeiterinnen und Mitarbeiter sollen wissen, dass Sie da sind.

Erscheinen Sie täglich ungefähr zur gleichen Zeit, Toleranzgrenze: eine Stunde. Ein- bis zweimal im Jahr sind Sie bereits morgens um 7:00 Uhr anwesend. Seien Sie sicher, es spricht sich sofort im Büro herum. Machen Sie nicht den Fehler, um 7:00 Uhr Kontrollbesuche bei den Mitarbeiterinnen und Mitarbeitern zu machen, sondern arbeiten Sie still an Ihrem Arbeitsplatz. Es gibt genug zu tun. Gehen Sie trotzdem freitags bisweilen um 3:00 Uhr aus dem Hause.

Senden Sie auch schon mal eine E-Mail abends um 23:30 Uhr an Ihre Mitarbeiter.
Es gibt Chefs, die täglich zu unterschiedlichen Zeiten kommen. An manchem schönen Sommertag hängen sie ihr Jackett über den Stuhl, stellen den Computer an, lassen eine frisch geöffnete Flasche Mineralwasser auf dem Tisch stehen, legen das (Zweit-)Handy auf den Schreibtisch, um dann auf den Golf- oder Tennisplatz zu fahren. Dieses Verhalten wird zwar der Regel gerecht „Der Mythos der Anwesenheit gilt auch für Sie“ ist aber höchst bedenklich.

Wir wissen: Kein Mensch kann zwölf Stunden am Tag konzentriert geistig arbeiten. Finden Sie einen guten und ehrlichen Mittelweg. Das Arbeitsverhalten verändert sich, wenn der Chef aus der Tür ist. Selbst der beste, motivierteste Mitarbeiter kann sich davon beeinflussen lassen. Möglicherweise arbeitet er sogar besser, wenn Sie nicht da sind, da er sich weniger unter Druck gesetzt fühlt.

Einerseits: Der Mythos der Anwesenheit bleibt, so oder so. Sowohl aus Arbeitnehmer, als auch aus Arbeitgebersicht.
Andererseits müssen wir feststellen und dürfen nicht vergessen: Menschen arbeiten mit höchst unterschiedlichen Tempi.

Machen Sie nicht den Fehler, die Leistungen Ihrer Mitarbeiter allein nach der Zeit Ihrer Anwesenheit im Büro zu beurteilen.

2. Regel

Die Arbeit beginnt für Sie erst dann, wenn der Schreibtisch leer ist.

Eine Führungskraft muss kreativ sein. Sie muss das tägliche Geschäft möglichst anderen überlassen. Kreativität setzt einen freien Kopf voraus.

Leider sieht Ihre Berufswirklichkeit häufig anders aus. Sie kommen am Montagmorgen ins Büro. Post und Wiedervorlagen stapeln sich, Telefonanrufe ohne Ende. Sie waren zunächst voller Tatendrang und schöpferischer Ideen. Davon ist keine Rede mehr.

Aber Sie können nur kreativ sein, wenn Sie nicht mehr nur das operative Geschäft verrichten, wenn Sie nicht Einzelgespräche oder Gespräche mit den verschiedensten Gremien führen, nicht diktieren, nicht unzählige Telefonate führen, nicht schnelle Entscheidungen treffen müssen usw.

Die Regel, dass Ihre Arbeit erst beginnt, wenn Ihr Schreibtisch leer ist, verstehen Sie, wenn Sie in einem Vortrag sitzen, der Sie langweilt und in dem Ihre Gedanken ständig abschweifen. Oder aber dann, wenn Sie entspannt zu Hause auf dem Sofa sitzen und Ihnen plötzlich einfällt, wie man dies oder

jenes in der Firma verbessern oder diesen oder jenen Konflikt lösen könnte. Schreiben Sie Ihre Ideen sofort auf ein Blatt Papier oder legen Sie sich ein kleines Notizbuch zu, in dem Sie die Ideen notieren.
Lassen Sie ständig einen Zettel mit Bleistift neben Ihrem Bett liegen. Denn bisweilen fallen Ihnen auch nachts interessante Vorschläge ein.
Das Gedächtnis wird mit zunehmendem Alter nicht besser. Der Satz von Siegmund Freud, wir behalten all das im Gedächtnis, was unbedingt wichtig ist, gilt nur eingeschränkt.

3. Regel

Erkennen Sie die Arbeit Ihrer Mitarbeiter durch Lob an.

Mangelnde Fähigkeit zum Lob oder zur Anerkennung ist ein entscheidender Grund für die Unzufriedenheit von Mitarbeitern und führt häufig zur Unproduktivität. Das Gefühl, geschätzt zu sein, gehört zu den wichtigsten Motivationsfaktoren am Arbeitsplatz. Es gibt im Grunde nichts Einfacheres für Führungskräfte, als ihre Mitarbeiter angemessen zu loben. Und dennoch geschieht es zu wenig.

Loben Sie häufig und zwar dann, wenn es etwas zu loben gibt. Loben Sie an erster Stelle diejenigen möglichst viel, mit denen Sie direkt zu tun haben. Die Ausrede, „der Mitarbeiter weiß doch, dass ich seine Arbeit schätze", zählt nicht. Jeder möchte die Anerkennung ausdrücklich hören. Denn der Mitarbeiter ist sich keineswegs immer sicher, ob der Vorgesetzte wirklich zufrieden ist. Es ist also entscheidend für den Mitarbeiter, zu wissen, ob er den richtigen Weg eingeschlagen hat und wo er steht. Ausdrücklich geäußerte Anerkennung ist auch deshalb wichtig, weil der Mitarbeiter anderen von dem Lob erzählen kann, sei es der Ehefrau, dem Vater oder den Freundinnen und Freunden.

Achten Sie darauf, dass das Lob und die Anerkennung echt sind. Loben Sie nicht, um den Mitarbeiter gefügig für weitere Aufgaben zu machen, mit denen Sie ihn beauftragen wollen. Der Mitarbeiter merkt es. Auch sollten Sie den Einzelnen grundsätzlich nicht im Beisein von vielen anderen loben, sondern möglichst im Vieraugengespräch. Dies ist deshalb wichtig, weil ein zu großes Lob, ausgesprochen vor den Kollegen, bisweilen Neid und Missgunst bei diesen auslöst, worunter der Gelobte womöglich künftig leiden muss.

Von dieser Regel gibt es begründbare Ausnahmen. Lob ist ohne Zweifel ein Antrieb, der bei jeder Form von Arbeit zu enormen Leistungssteigerungen führt, weil die Tätigkeit dann mehr Spaß macht. Festzuhalten ist: Motivation und Spaß an der Arbeit steigern die Produktivität.

Übrigens: Viele Frauen schrecken davor zurück, sich aus dem Berufsleben zwecks Familiengründung zurückzuziehen. Dies unter anderem auch deshalb, weil eine

„Nur“-Hausfrau und Mutter wenig Lob und Anerkennung genießt.

Also: bringen Sie Ihre Wertschätzung den Mitarbeitern gegenüber zum Ausdruck. Ihnen Vertrauen zu schenken, wertet sie auf. Es gibt dafür keinen Mittelweg.

4. Regel

Halten Sie es aus, selbst nicht gelobt zu werden.

Diese Regel ist deshalb wichtig, weil die Abhängigkeit von Lob die Führungskräfte korrumpierbar machen kann. Also aufgepasst. Nicht gelobt zu werden kann bisweilen schmerzhaft sein, insbesondere dann, wenn Sie sich in dieser oder jener Situation wirklich bewundernswert finden.

Wird der Druck zu groß, stellen Sie bitte nicht die leicht missverständliche Frage an die Anwesenden: „Wie war ich?“
Denn das kann sehr gefährlich sein. Nun ist Ihr Gespür gefragt: Will der Lobende Sie nur für die nächste Beurteilung und/oder Beförderung positiv stimmen oder meint er es ernst?
Sie sollten wissen, dass Sie Heuchler um sich herum haben können, die Ihnen sehr geschickt zum Munde reden.
Setzen Sie sich in Ihren Sessel und spüren Sie Ihrem Gefühl nach. Meint der Mitarbeiter es ernst, wenn er Sie bestätigt oder tut er es nur aus Eigennutz. Diese Prüfung ist äußerst schwierig. Denn es ist leider so, dass auch Chefs und Chefinnen bisweilen der

Selbstüberschätzung erliegen und das macht - wie gesagt - korrumpierbar.
Sollten Sie sich Ihrer Gefühle nicht sicher sein, fragen Sie eine Person Ihres absoluten Vertrauens. Ein Dritter kann die Situation von außen betrachten und wertvolle Ratschläge geben.
Mein Tipp: Machen Sie sich selbst immer wieder klar, Sie haben es geschafft! Und wenn Ihnen das nicht reicht: Entwickeln Sie Strategien, sich selbst zu belohnen. Klopfen Sie sich von Zeit zu Zeit auf die Schulter, halten Sie einen Moment inne und loben sich. Aber bitte erwarten Sie kein Lob von Ihren Mitarbeitern.

5. Regel

Hören Sie Ihren Mitarbeitern stets aufmerksam zu

Die Kunst des Zuhörens ist deshalb wichtig, weil Mitarbeiter sich geschätzt fühlen, wenn der Chef Ihnen zuhört. Es wird als besondere Anerkennung der Person des Mitarbeiters gewertet.
Beim Zuhören erfahren Sie mehr als bei jeder anderen Angelegenheit. Dabei erfahren Sie etwas über den Redenden, über sich selbst und über Ihren Betrieb.
Das heißt für Sie: Hören Sie immer aufmerksam zu, was Mitarbeiter Ihnen zu sagen haben und reden Sie selbst als Letzter. Zuhören heißt, jemanden ernst nehmen. Im Übrigen ist es eine alte Erfahrung, dass Menschen als sympathisch eingeschätzt werden, die zuhören können. Die meisten Führungskräfte können mit zunehmendem Erfolg immer weniger zuhören. Woran das liegt, hat verschiedene Gründe. Wichtig ist, dass Sie sich dieser Regel bewusst sind.

Im Ergebnis kommt es darauf an, dem Mitarbeiter klar zu machen, dass Ihnen seine Meinungen, Ansichten und Vorschläge wichtig sind. Nehmen Sie sich unbedingt Zeit für Ihre Mitarbeiter, vermitteln Sie aber auch, dass Sie nicht wegen jeder Kleinigkeit angesprochen werden wollen. Gerade querulatorische Mitarbeiter (die gibt es überall; sie haben das Recht auf eigenes Unglück) nutzen jede Gelegenheit, um mit Ihnen in Kontakt zu treten.

Kleiner Tipp: Vergeben Sie Termine. So vermeiden Sie immer wieder nervtötende Nachfragen und bringen den Mitarbeiter dazu, die Zeit sinnvoll zu nutzen, sich vorher genau zu überlegen, was er besprechen oder fragen möchte.

Wenn er sich nicht anmeldet, müssen Sie trotzdem ein offenes Ohr für ihn haben und ihm dies auch vermitteln. Gleichzeitig sollten Sie dem Mitarbeiter aber auch das Gefühl vermitteln, dass er nicht wegen jeder Kleinigkeit nachfragen sollte, sondern vielfach auch selbst entscheiden kann.

6. Regel

Seien Sie offen gegenüber der Kritik von Mitarbeitern.

Ein erfolgreiches Unternehmen lebt davon, dass Mitarbeiter, die Ideen haben, auch kritisch gegenüber der Unternehmensführung sind. Dadurch erfährt das Unternehmen kreative Impulse.
Freuen Sie sich also über jede Kritik an Ihrer Arbeit, von wem auch immer sie kommt, ob sie berechtigt ist oder nicht und zu welchem Zeitpunkt sie erfolgt. Nur so können Sie etwas über sich und ihre Arbeitsweise erfahren, und haben die Chance, etwas zu verändern. Nur so bleiben Sie und Ihr Unternehmen lebendig. Bestehen Sie nicht darauf, dass die Kritik in gesetzten Worten erfolgt. Hören Sie erst einmal zu. Dabei wird Ihre unerlässliche Eigenschaft, gut zuhören zu können, wieder einmal auf den Prüfstand gestellt.
Über Kritik, die Sie ganz besonders schmerzt, müssen Sie nachdenken und überlegen, ob der Kritiker nicht doch in Teilen Recht hat.

Finden Sie die richtige Einstellung zu Kritik. Achten Sie aber darauf, dass Sie nicht jede Kritik für richtig halten, denn Sie allein müssen Ihre Entscheidungen verantworten.

Wenn Sie nicht mehr kritisiert werden, könnte es daran liegen, dass Sie auf die Kritik Ihrer Mitarbeiterinnen und Mitarbeiter in der Vergangenheit mit Unverständnis reagiert haben. Es wird still um Sie herum. Ihnen muss klar sein, dass ängstliche, verschüchterte Mitarbeiter nie zu ihrer Höchstform, geschweige denn zu Kritik finden. Angst ist der schlechteste Ratgeber, der in einem Arbeitsverhältnis vorkommen kann. Kein Mensch kann kreativ sein, wenn er Angst vor demjenigen hat, der beurteilen soll, ob das Arbeitsergebnis, das man ihm vorstellt, auch gut ist.

Wenn Sie mit Kritik nicht umgehen können, findet die Kritik über Sie nur noch in den Kaffeerunden und beim Mittagessen in der Kantine in Ihrer Abwesenheit statt. Nur noch, sage ich, weil das Arbeitsleben ohne Kantinengerede langweilig ist und dieses auch dann bestehen bleibt, wenn Sie Ihre Kritiker mit offenen Armen empfangen.
Bisweilen kommen Mitarbeiter unter dem Vorwand zu Ihnen, es besonders gut mit Ihnen zu meinen, um Ihnen zu erzählen, was andere Mitarbeiter so über Sie Schlechtes reden. Seien Sie wachsam. Häufig lässt der Überbringer der Kritik nur seine eigene Meinung durch Dritte sagen.

Es gibt die Möglichkeit, dass Sie den Dritten aufsuchen und ihn fragen, warum er eine bestimmte Kritik nicht direkt Ihnen gegenüber äußert. Das Ergebnis ist verblüffend. Der Zitierte fragt als Erstes: „Wer hat Ihnen das erzählt?“ (Darauf gibt man selbstverständlich keine Antwort). Und dann gibt der Zitierte die Geschichte so wieder, wie sie sich für ihn darstellt, und das ist möglicherweise ganz anders. Von diesem Gespräch berichten Sie dem o.g. Überbringer der kritischen Nachricht. Das verfehlt seine Wirkung nicht.
Anders ist es, wenn der Überbringer von Kritik es gut mit Ihnen meint und Sie einfach nur vorwarnt, um Sie zu informieren und um Sie zu schützen. Sie werden sehr schnell das richtige Gespür dafür entwickeln, zu welchem Typ der Überbringer gehört.

Wichtig: Wenn ein Mitarbeiter bei Ihnen einen Termin hat, in dem er sich über Sie beschwert, machen Sie niemals den Fehler, einen zeitlich engen Rahmen vorzugeben. Ein frühzeitig wegen eines anderen Termins abgebrochenes Kritikgespräch macht Ihr bis dahin gezeigtes Verständnis zunichte. Der Mitarbeiter wird mit dem Eindruck aus Ihrem Zimmer gehen, der Chef habe keine Zeit für sein wichtiges Anliegen, ihm seien andere Dinge wichtiger.

Kritik auszuhalten, ist ein lebenslanges Thema, für Jede und Jeden. Gerade Menschen in Führungspersonen geht diese Eigenschaft, wie gesagt, häufig verloren.

7. Regel

Üben Sie Kritik an Mitarbeitern, soweit nötig!

Kritik an Mitarbeitern ist erforderlich, um vermeidbare Fehler für die Zukunft zu verhindern. Ziel darf und kann nur sein, die Arbeit des Mitarbeiters zu verbessern.

Je besser der Mitarbeiter ist, desto mehr Fehler wird er machen. Um erfolgreich zu sein, sind Fehler unerlässlich.
Sie können Ihre Arbeitsbesprechungen zur Abwechslung mal so gestalten, dass Sie die Mitarbeiter nicht fragen, was sie Gutes geleistet haben, sondern welche Fehler sie gemacht haben. Sie werden sehen: das wirkt Wunder.
Dennoch bleibt es nicht aus, auch mit Mitarbeitern Kritikgespräche zu führen.
Kritikgespräche bedürfen besonderer Sensibilität und sind schwieriger als alles andere, was Sie in Ihrer Führungsrolle zu bewältigen haben.

Wenn Sie einen Mitarbeiter kritisieren müssen, so reden Sie nur über Ihre eigene Kritik und berufen sich möglichst nicht auf fremde Autoritäten. Sagen Sie konkret, welches

Verhalten Ihnen nicht gefällt. Also sagen Sie nicht: „Herr M., Sie machen viele Fehler und sind auch ziemlich unerträglich, das sagen jedenfalls Herr X., und Frau Y. findet das auch.“ Sagen Sie nur das, was Sie aus eigener Erfahrung wissen. Manchmal muss man sich auf fremde Darstellungen berufen, zumal dann, wenn man Dinge nicht aus eigener Erfahrung wissen kann. Dann ist es ratsam, die Person, von der Sie die kritischen Worte gehört haben, zu dem Kritikgespräch hinzu zu bitten.

Wenn Sie die kritischen Worte eines anderen in dessen Abwesenheit zitieren, können Sie sich nicht sicher sein, ob der so Zitierte später noch zu seinem Wort steht (siehe Regel 6 aus einer anderen Perspektive). Der Zitierte wird beteuern, dass er niemals eine solche Kritik über den Mitarbeiter oder die Mitarbeiterin geäußert hat. Dann sind Sie der Dumme. Sie wissen: Der Bote der schlechten Nachricht wird erschlagen, nicht derjenige, der die Nachricht in die Welt gesetzt hat.

Sie können bei einem Kritikgespräch natürlich auch über Ihr Gefühl reden. Sie sagen z.B. einem Angestellten: „Ich habe das Gefühl, Herr Meier, Sie sollten mit Ihrem jungen Mitarbeiter etwas nachsichtiger umgehen.

Er ist noch ein Anfänger und ist dem Druck der Aufgaben noch nicht gewachsen.“ Es ist erstaunlich, wie oft selbst sogenannte „harte“ Mitarbeiter auf solche kritischen Hinweise irritiert und mit vielen Verteidigungen reagieren. Aber wir wissen, dass Gefühle nicht richtig oder falsch sind. Und insofern hat der Mitarbeiter die Chance zu sagen, er sei der Meinung, alles richtig zu machen.

Es gilt bei jedem Gespräch der wichtige Grundsatz: Kritik darf nur sachlich geäußert werden. Sachlich heißt: Der Gegenstand der Kritik muss konkret beschrieben werden („Herr Meier, es ist unerlässlich, dass Sie erst den Betriebsrat fragen, bevor sie Frau X. in eine andere Abteilung versetzen.“) Das Gegenüber darf auf keinen Fall in seinem Selbstgefühl verletzt werden. Ein Mitarbeiter, der in seinem Selbstgefühl von Ihnen verletzt wird, wird Ihnen dieses ewig übel nehmen.

Beispiel: Herr M., ich glaube, Sie behandeln Frau F. nur deshalb so schlecht, weil diese gern pünktlich nach Hause geht, um vergnügt mit ihrem Ehemann und ihren Kindern zusammen sein zu können, während Sie, Herr K., zu Hause allein herumsitzen müssen. Wenn Sie so reden, haben Sie möglicherweise einen hervorragenden Mitarbeiter verloren.

RAUS!
Äh ... Ich muss Ihre Reaktion aber nicht als Kritik werten, oder?
FEICKE

8. Regel

Respektieren Sie, dass Mitarbeiter sehr unterschiedliche Persönlichkeiten sind. Führen Sie Personalgespräche.

Chefs neigen dazu, ihre eigenen Vorstellungen als das Maß aller Dinge anzusehen. Sie vergessen bisweilen, dass gerade Ideen von unterschiedlichen Menschen dem Unternehmen neue Impulse geben können.
Machen Sie sich täglich aufs Neue klar, dass Menschen sehr verschieden sind.

Merken Sie sich: Sie sind zwar Vorbild, aber machen Sie nie den Fehler, von Ihren Mitarbeitern Ihre Arbeitsmoral, Ihre Lebenseinstellung, Ihre Vorlieben, Ihren Geschmack zu erwarten. Akzeptieren Sie, dass Mitarbeiter Familie und Hobbys gleichermaßen zum Mittelpunkt ihres Lebens machen. Nur weil Sie selbst von montags bis freitags ihr Privatleben ausblenden, dürfen Sie dies nicht von Ihren Mitarbeitern erwarten. Das würde nur Unmut hervorrufen und keineswegs zur Produktivität beitragen.
Machen Sie sich also täglich einmal klar, dass Menschen nicht immer so sind, wie Sie

sie gern hätten. Eine Regel, die einzuhalten einfacher klingt, als sie ist.
Dazu gehört, dass Sie auch diejenigen Mitarbeiter ernst nehmen sollten, die bisweilen mit aberwitzigen Anliegen an Sie herantreten oder die Dinge tun, die Ihnen selbst nicht im Traume einfallen würden.
Bevor Sie dies alles für verrückt erklären, hören Sie geduldig zu. Auch hier ist - wie immer - Ihre Eigenschaft des guten Zuhörens gefragt.
Durch das Zuhören können Sie viel über unterschiedliche Charaktere und Verhaltensweisen erfahren und in Zukunft Fremdes besser verstehen und akzeptieren.
Das wird Ihnen besonders schwer fallen, wenn Sie die Person unsympathisch finden. Das merken Sie, sobald die Person in Ihr Zimmer tritt. Während Sie für einen von Ihnen geschätzten Mitarbeiter eben noch unendlich viel Zeit hatten, fällt Ihnen plötzlich ein, dass Sie in großer Zeitnot sind und überlegen sofort, wie Sie das Gespräch mit einem Hinweis auf Ihre knappe Zeit möglichst schnell beenden können.
Wenn Sie die Regel missachten, vergessen Sie leicht, dass potentiell alle Mitarbeiter Fähigkeiten haben, die trotz Unterschieden jede für sich genommen für Ihr Unternehmen produktiv sein können.

Man muss allerdings herausfinden, wo ihre Stärken und wo ihre Schwächen liegen.
Die Unterschiedlichkeit der Menschen bringt es mit sich, dass diese auch unterschiedlich behandelt werden sollten.

Es gibt Mitarbeiter, die wollen gelenkt werden, d.h. sie müssen präzise Anweisungen erhalten. Die Durchführung der Aufgabe sollte genau beobachtet und verfolgt werden.

Es gibt aber auch solche, die nur kurz angeleitet zu werden brauchen und dann in der Lage sind, selbst kreativ zu werden und die Firmenprojekte voranzubringen.

Und schließlich gibt es Mitarbeiter, auf die man Aufgaben zur eigenständigen Bearbeitung übertragen kann, ohne irgendwelche Anleitungen zu geben, geschweige denn, Kontrollen durchzuführen.

Zu welchem Typ Ihr Mitarbeiter gehört, können Sie nur erfahren, wenn Sie alljährlich ein Gespräch mit ihm führen, das sog. Personalgespräch.
Wenn Sie den Mitarbeiter noch nicht genau kennen, gehen Sie erst einmal davon aus, dass er gern selbständig arbeiten will.

Wenn er dabei zunächst Fehler macht, seien Sie großzügig.

Menschen zu verstehen, die Ihnen fremd sind, fällt Ihnen leichter, wenn Sie sich in Ihrer Freizeit mit Musik, Kunst und Literatur beschäftigen. In diesen Bereichen gibt es vieles, was wir nicht verstehen und das uns dennoch berührt und offen macht für Unbekanntes.

9. Regel

Stehen Sie zu Ihren eigenen Fehlern!

Fehler machen alle Menschen. Fehler macht auch der Chef. Scheuen Sie sich also nicht, Ihre Fehler vor den Mitarbeitern einzugestehen. Nichts stärkt die Motivation der Mitarbeiter mehr, als die Unkenntnis des Chefs. Es schmälert Ihre Autorität nicht.

Es ist nun einmal so, dass sich der mit einem Spezialgebiet befasste Mitarbeiter im Zweifel besser auskennt als sein Chef. Es gibt Chefs, die sich deshalb ärgern. Wer sich deswegen ärgert, muss sich ernsthaft fragen, ob er als Chef überhaupt geeignet ist. Solche Chefs hören sich mit leerem Gesicht die Mitteilungen ihrer Mitarbeiter an und tun oft so, als hätten sie alles bereits gewusst und stellen sich klüger als sie sind. Das funktioniert nicht. Man kann sich dümmer stellen als man ist und viele tun das mit großem Erfolg, aber nicht klüger. Das merken die anderen nämlich und freuen sich, dass der Chef so ein Rindvieh ist. Das kann die Moral der Mitarbeiter durchaus heben.

Zeigen Sie Größe und revidieren Sie auch einmal eine Entscheidung, die Sie fälschlicherweise getroffen haben. Auf diese Weise zeigen Sie Stärke, keinesfalls aber – wie so oft irrtümlich angenommen wird - Schwäche. Üben Sie sich in Zurückhaltung: Im Vordergrund stehen nicht Sie und Ihre Eitelkeit, sondern die Aufgabe! Nur weil Sie an der Spitze stehen, heißt dies noch lange nicht, dass Sie unfehlbar sind.

10. Regel

Seien Sie großzügig und überlassen Sie die Lorbeeren für eine neue Idee anderen:

Jeder motivierte Mitarbeiter denkt darüber nach, wie er seine Arbeit und den Erfolg des Unternehmens verbessern kann.

Er macht dazu Vorschläge, für die er gelobt werden will. Es wird immer wieder vorkommen, dass Sie selbst eine blendende Idee haben, die Sie irgendwann beiläufig erwähnen. Aber zu einem Zeitpunkt vorgetragen, zu dem sie im Unternehmen noch keine Beachtung findet, wird sie nicht umgesetzt. Sie können fast sicher sein, dass ein Mitarbeiter diese Idee Monate später als seine eigene propagiert.
Es erfordert nun sehr viel Selbstdisziplin, nicht laut herauszuschreien: „Diese Idee ist von mir!" Lassen Sie es! Der so Angesprochene bleibt ohnehin der Meinung, er sei der Erfinder. Sie machen sich lächerlich, wenn Sie ihn korrigieren.
Im Übrigen gibt es, wie gesagt, Vorschläge, die zum falschen Zeitpunkt geäußert, von niemandem ernst genommen werden und erst dann erfolgreich sind und interessant

werden, wenn die Zeit dafür gekommen ist. Hauptsache, der Idee folgen Taten. Kleiner Tipp: Am besten, Sie beteiligen den Mitarbeiter an einer Arbeitsgruppe, die sich der neuen Idee widmet. Der Mitarbeiter wird hochmotiviert mitarbeiten.

11. Regel

Vergessen Sie nicht, dass Ihre Stimme Ihr Ausweis ist.

Für jeden Chef ist es wichtig, Kontakte herzustellen. Dies geschieht in der Mehrzahl der Fälle zunächst über das Telefon, wenn es auch manchmal nur die Verabredung zu einem gemeinsamen Gespräch ist. Am Telefon ist allein die Stimme zu hören.

Sie wissen als Führungspersönlichkeit, dass der erste Eindruck, den ein Mensch auf andere macht, sehr wichtig ist. Es gibt noch die zweite Chance für einen guten Eindruck, aber entweder kommt diese nicht oder sie kommt. Und Sie müssen den ersten Eindruck vergessen machen. Das ist schwierig. Übrigens: Der Gesamteindruck einer Persönlichkeit setzt sich zu 55 Prozent aus Körpersprache, 37 Prozent aus Stimme und 8 Prozent aus Inhalt zusammen.
Bei Ihrem ersten Kontakt über das Telefon hängt alles von der Ausstrahlung Ihrer Stimme ab. Sie hinterlassen nur dann einen guten oder bleibenden Eindruck, wenn Sie den Gesprächspartner durch Ihre Stimme für sich gewinnen. Sie müssen mit Ihrer Stimme in direkten Kontakt zu dem Gesprächspartner

treten. Konzentrieren Sie sich. Stellen Sie sich auf den anderen ein. Wenn Sie selbst der Anrufende sind, so fragen Sie als erstes: „Störe ich?“ Wenn Sie angerufen werden, so erkundigen Sie sich ausführlich nach dem Anliegen des Anrufenden. Unterbrechen Sie ihn nicht. Dann antworten Sie und wenn Sie Humor haben, zeigen Sie Ihre humorvolle Seite. Das macht Sie sympathisch.
Machen Sie niemals den Fehler, während des Telefongesprächs Ihre E-Mails zu lesen. Der Gesprächspartner merkt es nicht nur an dem leisen Klicken der Tastatur, sondern auch an Ihrer zeitweisen gedanklichen Abwesenheit. Sie sind im wahrsten Sinne des Wortes nicht bei der Sache. Das lateinische Wort „Interesse“ bedeutet Übrigens „dabei sein“.

Kleiner Tipp: Wenn Sie während eines Telefongespräches das leise Klicken der PC--Tastatur Ihres Gesprächspartners hören, fragen Sie freundlich, ob Sie zu einem späteren Zeitpunkt noch einmal anrufen dürfen.

Falsch **Richtig**

12. Regel

Lernen Sie, zu delegieren.

Chefs sollen sich nicht mit dem täglichen Kleinkram beschäftigen. Sie sollen sich den wesentlichen Dingen zuwenden.

Die Regel, lernen Sie zu delegieren, scheint auf den ersten Blick banal zu sein. Aber wir müssen uns täglich daran erinnern, dass wir nicht alles allein machen können und dass die Mitarbeiter, die Sachbearbeiter, vieles besser machen als wir selbst. Nichts ist unangenehmer als ein Chef, der über alles die Kontrolle behalten will, es sei denn, er ist gern von unmündigen und unselbständigen, unsicheren und vor allem unmotivierten Mitarbeitern umgeben. Lassen Sie endlich los. Nehmen Sie sich selbst nicht zu ernst. Sie wissen, wann Sie wem etwas zutrauen können. Und – Fehler werden gemacht – auch von Ihnen.
Das heißt aber noch lange nicht, dass die Welt untergeht. Nur aus Fehlern lernt man. Greifen Sie also nicht zu kurz: Es geht nicht nur darum, dem Mitarbeiter etwas zuzutrauen, sondern ihm auch den einen oder anderen Fehler zuzugestehen. Schenken

Sie Vertrauen. Untersuchungen über die Arbeitszufriedenheit von Mitarbeitern besagen, dass diese sich eher unterfordert als überfordert fühlen. Wenn ein Mitarbeiter tatsächlich einmal überfordert ist, so wird Ihnen das schnell bewusst, wenn Sie die Regel Nr. 5 (Zuhören) gut beherrschen.

13. Regel

Reden Sie nie schlecht über einen Ihrer Angestellten.

Das Klima eines Unternehmens wird wesentlich davon bestimmt, welche Wertschätzung der Chef seinen Mitarbeitern entgegenbringt.
Unabhängig davon wird es immer wieder Mitarbeiter geben, die Ihnen fremd oder sogar unsympathisch sind.
Machen Sie trotzdem nie den Fehler, schlecht über einen Ihrer Angestellten zu reden. Auch die von Ihnen nicht sehr geschätzten Mitarbeiter arbeiten besser, wenn Sie nicht deren Schwächen, sondern deren Stärken hervorheben. Sie haben keine schlechten Mitarbeiter, so lange Sie das Beste aus ihnen herausholen.

Leider verfällt fast jeder Chef irgendwann einmal der Versuchung, sich über einen Mitarbeiter negativ zu äußern. Sie können sicher sein, dass irgendjemand diesem Mitarbeiter davon erzählt. Denn es gibt in jedem Unternehmen geheime Informanten. Wenn Sie darauf von dem betroffenen Mitarbeiter angesprochen werden, leugnen Sie nicht, sondern versprechen ihm, dass

Sie in Zukunft nicht mehr schlecht über ihn reden werden. Es könnte sein, dass dieser Mitarbeiter in Zukunft hoch motiviert seine Arbeit verrichtet.

14. Regel

Never park your car on the company's green.

Sacharbeit in einem Unternehmen ist dann am effektivsten, wenn zwischen Ihnen und den Mitarbeitern eine freundliche Distanz herrscht.

Zwischenmenschliche Beziehungen in der Firma, die zu einer Liebesbeziehung führen, sind nicht förderlich für das professionelle Vorankommen. Es kann zwar zeitweise anregend und sogar förderlich für die Arbeit sein, wenn sich der Chef in die Sekretärin verliebt, spätestens aber wenn Beziehungsprobleme sich auf die Arbeit auswirken, wird jedem klar, dass die Trennung zwischen Büro und Bett für eine sachliche und professionelle Betrachtungs- und Arbeitsweise das Beste ist.

Nein, ich bin die Ex-Frau Nr. 4 des alten Trottels, die vom Vorzimmer. Ex-Frau Nr. 2 arbeitet in der Buchhaltung, Nr. 3 war die vom Empfang... Soll ich verbinden?
FEICKE

15. Regel

Kleidung ist wichtiger, als Sie denken.

Kleidung spielt eine größere Rolle in unserem Beruf, als wir uns vorstellen können. Sie ist der Ausweis der Führungspersönlichkeit.

Sie sollten der Kleidung also große Aufmerksamkeit schenken.
Für Männer gilt: Mit einem gedeckten Anzug oder im Sommer einem hellen Jackett liegen Sie immer richtig. Am Schlips erkennt man sofort, ob Sie eher konservativ oder eher modern oder kreativ sind. Es ist besser, overdressed zu sein, als langweilige oder gar ungepflegte Kleidung zu tragen. Wenn Sie eine etwas fülligere Figur haben, tragen Sie möglichst immer eine Weste. Eine ausladende Figur kann oft als Unfähigkeit zur Disziplin interpretiert werden – also nicht sehr vorteilhaft.
Eine Weste sieht elegant aus und hat den Vorteil, dass man nicht auf den ersten Blick einen kleineren oder größeren Bauch sieht.

Bei Frauen gelten etwas andere Regeln: Sie können elegant, sportlich oder schick oder alles zusammen angezogen sein. Achten Sie aber immer darauf, dass Sie klassisch und nicht zu sexy gekleidet sind. Eine Frau im zu kurzen Rock und mit tiefem Ausschnitt ist schnell dem Vorwurf ausgesetzt, hier werde mangelnde Kompetenz mit weiblichen Reizen kompensiert. Wenn Sie zu elegant gekleidet sind und darauf angesprochen werden, retten Sie sich mit der Bemerkung, Sie seien am Abend zum Geburtstag eingeladen. Sagen Sie nicht, ins Theater, denn die Frage nach dem Theaterstück bleibt nicht aus.

Anders ist es, wenn Sie geschäftlich zu einer Abendeinladung nur mit Kollegen eingeladen sind. Hier können Sie als Frau ein wenig mehr wagen. Aber bleiben Sie in Ihrer Gestik dabei auf Distanz. Das macht attraktiv und trägt zu Ihrer Seriosität bei.

16. Regel

Rollenspiele sind unausweichlich und müssen geübt werden.

Rollenspiele tragen dazu bei, schwierige Gespräche mit schwierigen Geschäftspartnern professioneller zu führen.
Wenn Sie gemeinsam mit ihren engen Mitarbeitern in eine Verhandlung gehen müssen, die wichtig ist und entscheidenden Charakter hat (z.B.: es müssen Leute entlassen werden; die Mitarbeiter sollen zu Mehrarbeit veranlasst werden, das Ministerium soll überzeugt werden, mehr Geld für bestimmte Projekte auszuschütten), üben Sie vorher ein Rollenspiel.

Die Vorbereitung auf das Rollenspiel sieht so aus: Planen Sie eine Sitzordnung, nach der Sie und Ihre Mannschaft nicht am Kopf des Tisches zusammen sitzen, sondern strategisch getrennt an wichtigen Plätzen des Tisches. Jedenfalls so, dass Sie sich gegenseitig beobachten können.

Versuchen Sie nicht, die Kontrahenten mit wenigen Sätzen zu überzeugen oder, noch schlimmer, vor vollendete Tatsachen zu stellen. Lassen Sie die Gesprächspartner zunächst einmal sehr lange reden. Zuhören, Zuhören, Zuhören.

Inszenieren Sie das Gespräch so, dass in Ihrer Führungsriege verschiedene Rollen, nämlich die Rolle des Guten, die Rolle des Strengen, die Rolle des Vermittelnden usw. von verschiedenen Personen wahrgenommen werden. So können Sie je nach dem, welche Wendung das Gespräch nimmt, sofort reagieren.
Da das Rollenspiel bisweilen auch vom Gesprächspartner vorher eingeübt ist, versuchen Sie dadurch zu überraschen, dass die Rollenerwartung des Gesprächspartners nicht erfüllt wird. Beispiel: Die Person, die immer die vermittelnde Rolle spielt, ist nun die Unerbittliche und Strenge. Dadurch verwirren Sie den Gesprächspartner. Ihre Chance steigt, ein gutes Ergebnis zu erzielen.

Suchen Sie sich
einen Platz aus,
Meier Zwo!
FEICKE

17. Regel

Halten Sie Ihre Mitarbeiter auf dem Laufenden!

Motivierte Mitarbeiter wollen immer wissen, was im Betrieb geschieht. Sie reagieren ganz besonders enttäuscht, wenn sie sich nicht vollständig informiert fühlen.
Dabei gilt: Diejenigen, die in erster Linie von Veränderungen betroffen sind, müssen vor allen anderen Mitarbeitern davon erfahren. Das sind die davon betroffenen Mitarbeiter, die Abteilungsleiter und die Mitwirkungsgremien.

Dann sollten Sie alle Personen in Ihrem Betrieb über die Vorgänge, die alle Mitarbeiter angehen, am besten zeitgleich unterrichten. In der Vergangenheit war das unmöglich. Heute gibt es E-Mail und Sie können schnell und umfassend informieren.

Bei sämtlichen Veränderungen in Ihrem Betrieb müssen Mitwirkungsgremien immer frühzeitig in Ihre Überlegungen und auch tatsächlich einbezogen werden. Das sollten Sie auch dann tun, wenn möglicherweise gar nicht der Tatbestand der Mitbestimmung oder der Mitwirkung gegeben ist oder auch, wenn man darüber streiten könnte, ob diese Rechte vorliegen oder nicht.

Nichts ist schwieriger wieder gutzumachen, als wenn der Betriebs- oder Personalrat verspätet in den Entscheidungsprozeß einbezogen wird. Denn diese Unachtsamkeit kann sich später rächen, wenn es um inhaltliche Diskussionen geht. Nichtunterrichtung ist wie Liebesentzug. Deswegen müssen Sie diese Regel unbedingt beherzigen.

18. Regel

Beachten Sie das Protokoll!

Einen kompetenten Chef misst man u.a. an der Einhaltung des Protokolls. Protokollfragen (Wer wird eingeladen? Wer hält eine Rede in welcher Reihenfolge? Wer sitzt neben wem in welcher Reihe?) werden leider von Führungskräften häufig unterschätzt. Das kann zu schweren Unstimmigkeiten führen.

Übrigens gilt das nicht nur bei einer Führungsposition in der Politik und im öffentlichen Dienst, sondern auch in großen und kleinen Unternehmen.

Wenn Sie einen hohen Politiker, einen Würdenträger, Pressevertreter, Chef einer großen Firma oder sonst wen Wichtiges vergessen einzuladen oder vergessen, dessen Anwesenheit bei einer wichtigen Feierlichkeit ausdrücklich zu erwähnen – er kommt bisweilen nur, um öffentlich erwähnt zu werden -, können Sie Probleme haben, die auszuräumen in der Zukunft viel Zeit in Anspruch nehmen werden.

Dazu gehört auch, dass Sie sich anlässlich von Einladungen immer persönlich um die Gästeliste, die Rednerliste, die Sitzordnung kümmern müssen. Eine in der öffentlichen Meinung wichtige Person sollte neben sich diejenigen als Tischnachbarn haben, die hierarchisch an hoher Stelle stehen.

Übrigens: Setzen Sie Frauen grundsätzlich nicht an das Tischende, wenn die überwiegende Zahl der Anwesenden Männer sind.

19. Regel

Investieren Sie viel Arbeit in Reden, die Sie in Ihrem Beruf halten müssen.

Führungskräfte werden häufig allein (!!) daran gemessen, wie gut ihre Reden sind. Deshalb ist auch diese Regel nicht unwichtig. Die Rede ist häufig die einzige Gelegenheit, bei der Mitarbeiter mit Ihnen in einen (allerdings sehr distanzierten) Kontakt treten. Das gilt insbesondere für Mitarbeiter, die nicht in Ihrer unmittelbaren Nähe arbeiten, also für die meisten Mitarbeiter. Diese haben sonst nicht die Gelegenheit, Sie persönlich zu erleben.

Nehmen Sie sich also bei Ihren ersten Reden sehr viel Zeit für die Vorbereitung. Politiker sind das beste Beispiel dafür, welchen großen Einfluss Reden auf die Wähler haben. Politiker sind es auch, die vor Fernsehauftritten Coaching-Seminare besuchen, um ihre Reden wirkungsvoll zu gestalten.

Wenn Sie jemals ein Coaching-Seminar besuchen sollten - und das sollten Sie, wenn Sie erfolgreich an der Spitze eines Unternehmens stehen wollen, das Sie nach

Außen repräsentieren müssen-, so wird Ihnen diese Regel immer wieder vor Augen geführt.

Es stellt sich Ihnen die Frage: Halten Sie Ihre Rede frei oder lesen Sie vom Blatt. Denken Sie daran, was Sie in der Regel Nr. 11 gelernt haben: Der Gesamteindruck einer Persönlichkeit setzt sich zu 55 Prozent aus Körpersprache, 37 Prozent aus Stimme und 8 Prozent aus Inhalt zusammen.

Es gibt Redner, die können ganz vorzüglich frei sprechen. Achten Sie einmal auf Politiker: Zu bestimmten Themen lesen sie auch dann den Text ab, wenn er sehr kurz ist. Bei anderer Gelegenheit sprechen sie frei, insbesondere dann, wenn sie anspornende, feuernde Reden halten, die gleichzeitig inhaltsleer sind.

Suchen Sie Ihren ganz persönlichen Stil. Wichtig ist allein, nicht während der gesamten Rede auf das vor Ihnen liegende Blatt Papier zu sehen. Das Publikum möchte mit seiner meist nonverbal geäußerten Zustimmung oder Ablehnung an Ihrer Rede teilnehmen. Das sehen Sie an den Gesichtern. Und die Gesichter sehen Sie nur, wenn Sie von Ihrem Manuskript aufschauen. Meist entdecken Sie einen Menschen, der während Ihrer Rede zustimmend mit dem Kopf nickt. Behalten

Sie diesen Menschen im Blick. Er gibt Ihnen Selbstvertrauen.

Eine gute Zwischenlösung ist die, sich Stichworte aufzuschreiben. Auf jede Karteikarte einen Satz oder ein Stichwort.
„Reden“, so las ich jüngst in der Zeitung „erfüllen nicht selten den Tatbestand der Körperverletzung.“ Eine Rede sollte also niemals zu lang und nicht langweilig sein. Der Kabarettist Gerhard Polt sagt dazu folgendes: „Wer etwas zu sagen hat, redet kurz, wer nichts zu sagen hat, muss lang reden.“ Oder so: Wenn Sie nichts wissen, fassen Sie sich kurz, wenn Sie viel wissen, dann auch.

Eine Rede muss neben Informationen und staatstragenden Ausführungen immer auch persönliche Gedanken (!) enthalten. Gerade persönliche Worte können langsam vor sich hindämmernde Zuhörer (davon gibt es weitaus mehr, als die Redner glauben wollen) aufwecken. Ihre Sprache sollte anschaulich sein. Anekdoten beleben eine Rede und sind bisweilen das Einzige, was die Zuhörer im Gedächtnis behalten. Versuchen Sie, wenn Sie können, einige humorvolle Bemerkungen in Ihren Text einzustreuen.
Reden Sie deutlich und immer freundlich. Wer reden will, muss Phantasie haben. Schreiben

Sie deshalb Einfälle auf, wenn Sie sie haben und nicht dann, wenn Sie sie brauchen (siehe Regel 2). Schreiben Sie auch fremde Einfälle auf, die brauchbar erscheinen. Die meisten guten Formulierungen stammen von anderen. Scheuen Sie sich nicht, diese als Ihr geistiges Eigentum zu betrachten. Die Kunst besteht darin, sich Pointen zu merken und zu vergessen, von wem sie sind (ist nicht von mir).

Beginnen Sie mit der Vorbereitung einer Rede nicht eine Stunde, bevor Sie diese halten müssen, es sei denn, sie ist Routine.

Wichtig: Nehmen Sie sich Zeit für die Vorbereitung Ihrer Reden.

20. Regel

Lernen Sie Ihr schlechtes Namensgedächtnis zu vertuschen.

Es gibt viele Chefs, die mit zunehmendem Alter nicht mehr von sich behaupten können, ein gutes Gedächtnis zu haben. Das kann auch daran liegen, dass Führungskräfte sehr viele Menschen während Ihrer beruflichen Karriere kennen lernen und deren Namen nicht alle im Gedächtnis behalten können.

Jeder Mensch fühlt sich erst dann richtig wahrgenommen, wenn er mit seinem eigenen Namen begrüßt und angesprochen wird.

Wir wissen, dass Menschen aus unserem unmittelbaren Arbeitsfeld sehr empfindlich reagieren können, wenn sie nicht mit ihrem Namen angesprochen werden. Umgekehrt ist es so, dass Mitarbeiter, denen Führungskräfte selten begegnen und zu denen sie keine unmittelbare Arbeitsbeziehung haben, hocherfreut sind, wenn sie mit ihren Namen angesprochen werden.
Ein gutes Namensgedächtnis muss man jedoch nicht haben, um trotzdem erfolgreich zu sein.

Mein Tipp: Bevor Sie in eine Sitzung oder auf eine Veranstaltung gehen, ob als Moderator, Leiter, Vortragender oder Teilnehmer, lassen Sie sich die Teilnehmerliste vorher aushändigen. Wenn Sie die Namen dann einzeln durchgehen, fällt es Ihnen später leichter, die Personen mit Namen anzusprechen.

Wenn Sie ganz neu in einem Unternehmen sind und viele Namen auswendig lernen müssen, beschaffen Sie sich die Fotografien des letzten Betriebsausfluges oder der letzten Weihnachtsfeier und schreiben mit Hilfe Ihrer Sekretärin auf die Rückseite der Fotografien die Namen der Mitarbeiter und lernen sie auswendig. Die Mühe lohnt sich auf jeden Fall. Es erleichtert Ihnen den Zugang zu Mitarbeitern des Betriebes.

Auf Veranstaltungen, an denen unübersichtlich viele Menschen teilnehmen, habe ich mir angewöhnt, bei der Begrüßung mir bekannter Menschen, deren Namen ich plötzlich nicht mehr erinnere, zunächst selbst meinen Namen zu nennen. Das führt dazu, dass der andere aus Höflichkeit dann auch seinen Namen sagt und schon ist die peinliche Situation überwunden.

Und wer von denen war noch dieser berühmte Fussballer?
FEICKE

21. Regel

Bleiben Sie auch als Chef immer Sie selbst.

Mitarbeiter wünschen sich einen Chef, den sie achten und vielleicht sogar bewundern können. Das verführt manchen Chef, Dinge zu tun, die unecht und fremd wirken.

Ein Chef, der sich größer macht, als er wirklich ist, wird niemals die Anerkennung seiner Mitarbeiter haben.

Richtig ist, dass Sie keine einfache Aufgabe haben. Sie sollen verständnisvoll sein, die unterschiedlichsten Mitarbeiter fair behandeln, sie sollen Kritik einstecken und die Lorbeeren anderen überlassen. Kein einfacher Job. Aber das berechtigt Sie nicht, sich als etwas Besonderes zu fühlen und aufzuführen. Bleiben Sie authentisch!

Die kleine unsichtbare Distanz zwischen Ihnen und Ihren Mitarbeitern ist nicht hinderlich, sondern vielmehr nötig.

Auch wenn es in vielen Branchen üblich ist, sich zu duzen, so empfehle ich Ihnen das so genannte „Hamburg-Sie" beizubehalten.

Freundschaft ist schön, aber sie ist im Verhältnis Chef – Angestellter häufig nur hinderlich. Distanz muss sein. Der Job ist und bleibt immer professioneller Natur. Je mehr Emotion dabei ist, desto komplizierter wird es. Sie müssen Ihre Abteilung im Griff haben und wissen, dass im Notfall auf Ihr Kommando alles läuft. Autoritär heißt nicht herrisch. Aber Sie müssen durchsetzungsfähig sein, denn letztendlich müssen Sie die abschließende Entscheidung verantworten.

In jüngster Zeit besagen Studien, dass nicht allein der demokratische Führungsstil, der seit der „68-Bewegung" das einzig Richtige zu sein schien, sondern der direktive Führungsstil ebenso von den Mitarbeitern gefragt ist. Die Balance ist das Geheimnis.

Zu dieser Regel gehört auch, dass Sie menschlich bleiben sollen. Das ist besonders erklärungsbedürftig, denn wer wird von sich behaupten wollen, er sei nicht menschlich? Menschlich zu sein heißt für mich, die Mitarbeiter so zu behandeln, wie ich selbst gern behandelt werden möchte: Freundlich, fair, gleichberechtigt und offen. Menschlich zu sein heißt, zu wissen, dass auch ein hohes Amt uns vor nichts schützt.

Dazu gehört auch: Seien Sie großzügig, wenn Mitarbeiter sich in schwierigen persönlichen Situationen befinden. Gestatten Sie Ausnahmeregelungen. Der vermeintliche Erfahrungssatz, wenn Sie einen Mitarbeiter bevorzugen, wollen alle anderen Mitarbeiter auch eine Sonderregelung zu ihren Gunsten, ist falsch.

Nachwort:

Während meiner 18-jährigen Tätigkeit als Präsidentin verschiedener Gerichte habe ich versucht, die jetzt von mir aufgestellten Regeln einzuhalten. Ich habe sie niemals vollkommen beherrscht, aber ich habe täglich daran gearbeitet.

Hamburg, im Sommer 2009 Konstanze Görres-Ohde

Die Autorin **Konstanze Görres-Ohde**

wurde 1942 im ostpreußischen Königsberg geboren. Nach Studium und Referendarzeit war sie Richterin am Amtsgericht und später Richterin am Oberlandesgericht.

Von 1989 bis zu ihrer Pensionierung 2007 war sie Präsidentin verschiedener Gerichte, zuletzt des Schleswig-Holsteinischen Oberlandesgerichts in Schleswig.
Sonstige Aktivitäten u.a.: 1992 bis 1997 Mitglied des Verwaltungsrates des NDR.
Vorsitzende des Vorstandes des Literaturhaus e.V., Hamburg.
Vorsitzende der „Schleswiger Gesellschaft Justiz und Kultur e.V." in Schleswig, die Dichterlesungen mit Günter Grass, Walter Kempowski, Günter Kunert, Martin Walser, Siegfried Lenz, Elke Heidenreich, Ralph Giordano, Ingo Schulze u.v.a. veranstaltet. Diese Reihe wird von ihr organisiert und moderiert.

Veröffentlichungen: u.a.
„Frauen und Macht", Zeitschrift Streit 1990
„Die OLG-Präsidentin" Gedenkschrift für Henriette Heinbostel, Herausgeberin u.a. und Autorin, BWW 2007.
Konstanze Görres-Ohde ist verheiratet, hat zwei Töchter und vier Enkel.

Der Zeichner **Tim Oliver Feicke**

Jahrgang 1970, ist Richter in Schleswig-Holstein.

1996 Gewinner des „Knix“-Comic-wettbewerbs

Ausstellungen
2002 Galerie Stuhlmann / Wedel,
2008 „Haus der Gerichte“ / Hamburg.

Veröffentlichungen
2006 Cartoons für „Das WETTERMagazin“.

Aktuell (2009) erscheinen monatliche Cartoons u.a. in „Deutsche Richterzeitung“ (DRiZ), „Notar“ (Deutscher Notarverlag) und „RENOpraxis“ (Deutscher RENOVerlag)

Weitere Richtercartoons erscheinen in Publikationen des Deutschen Richterbundes bzw. dessen Landesverbänden sowie in den Schleswig-Holsteinischen Anzeigen.

Mehr Informationen unter www.wunschcartoon.de.

Tim Oliver Feicke ist verheiratet und hat 3 Söhne.

Notizen

Notizen